中国传承

康小智图说系列·影响世界的中国传承

推动航海发展的指南针

陈长海 编著　海润阳光 绘

山东人民出版社·济南
国家一级出版社 全国百佳图书出版单位

图书在版编目（C I P）数据

推动航海发展的指南针 / 陈长海编著；海润阳光绘 . -- 济南 ：山东人民出版社，2022.6
（康小智图说系列 . 影响世界的中国传承）
ISBN 978-7-209-13377-7

Ⅰ . ①推… Ⅱ . ①陈… ②海… Ⅲ . ①指南针—中国—古代—儿童读物 Ⅳ . ① TH75-092

中国版本图书馆 CIP 数据核字（2022）第 062585 号

责任编辑：郑安琪　魏德鹏

推动航海发展的指南针

TUIDONG HANGHAI FAZHAN DE ZHINANZHEN

陈长海　编著　海润阳光　绘

主管单位	山东出版传媒股份有限公司	规　　格	16 开（210mm × 285mm ）
出版发行	山东人民出版社	印　　张	2
出 版 人	胡长青	字　　数	25 千字
社　　址	济南市市中区舜耕路 517 号	版　　次	2022 年 6 月第 1 版
邮　　编	250003	印　　次	2022 年 6 月第 1 次
电　　话	总编室（0531）82098914	印　　数	1-13000
	市场部（0531）82098027	ISBN 978-7-209-13377-7	
网　　址	http://www.sd-book.com.cn	定　　价	29.80 元
印　　装	莱芜市新华印刷有限公司	经　　销	新华书店

如有印装质量问题，请与出版社总编室联系调换。

序

亲爱的小读者，我们中国不仅是世界四大文明古国之一，更是古老文明不曾中断的唯一国家。中华文明源远流长、博大精深，是中华民族独特的精神标识，为人类文明作出了巨大贡献，提供了强劲的发展动力。我们的“四大发明”造纸术、印刷术、火药和指南针，改变了整个世界的面貌，不论在文化上、军事上、航海上，还是其他方面。如果没有“四大发明”，人类文明的脚步不知道会放慢多少！

“四大发明”只是中华民族千千万万发明创造的代表，中国丝绸、中国瓷器、中国美食、中国功夫……从古至今，也一直备受推崇。尤其值得我们自豪的是，这些古老的发明，问世之后，不仅造福中国人，也造福全人类；不仅千百年来传承不断，还一直在发展和创新。以丝绸为例，我们的先人在远古时期就注意到了蚕这样一只小小的昆虫，进而发明了丝绸。几千年来，丝绸织造工艺不断提升，陆上丝绸之路、海上丝绸之路不断开辟，丝绸成为全人类的宝贵财富。如今，蚕丝在医疗、食品、环境保护等各个领域都得到了广泛的应用，受到了人们的高度重视和期待。事实说明，中华民族不但善于发明创造，也善于传承创新。

亲爱的小读者！本套丛书，言简意赅，图文并茂，你在阅读中，一定可以感受到中国发明的来之不易和一代代能工巧匠的聪明智慧，发现蕴含其中的思想、文化和审美风范，从而对中华民族讲仁爱、重民本、守诚信、崇正义、尚和合、求大同的民族性格和“天下兴亡，匹夫有责”的爱国主义精神产生崇高的敬意和高度认同，增强做中国人的志气、骨气和底气。读完这套书，你会由衷地感叹：作为中国人，我倍感自豪！

侯仰军

2022 年 6 月 1 日

（侯仰军，历史学博士，中国民间文艺家协会分党组成员、副秘书长、编审）

古人如何辨别方向?

指南针是中国古代四大发明之一，它可以帮助人们判定方位、辨别方向。那么在指南针发明之前，古人靠什么来辨别方向呢?

北极星
晴朗的白天，古人以太阳为参照来辨别方向。太阳升起时在东方，落下时在西方，正午时分在南方。
看来走这条路是对的。
星光灿烂的夜晚，古人通过观星辨别方向。北极星所在的方向就是正北方向，找到北极星就找到了北方。
张兄告诉我沿着这条栗子树的林荫道一直往前走，走到尽头就能找到他家。看来我走的路是对的。
道路两旁的树木也能作为指示方向的标志。

驛
站
古代交通要道上设置的驿站不仅可供人途中食宿、换马，也有指路的作用。
很早以前，人们出海只敢沿着海岸航行，这样能看见陆地，随时靠岸。之后，人们发现飞鸟要回陆地找食物这一特性，出海时便跟着飞鸟的方向进行航行，这就是“飞鸟导航”。
快看，跟着飞鸟的方向行驶，准能靠岸！
牵星板
秦汉时期，古人在海上航行时发现有一些星星的位置是恒定的，于是他们利用星星的位置与海平面的高度来确定航行方向，这就是牵星术。

神奇的磁石

指南针的发明，离不开一位大“功臣”——磁石。人们发现磁石不仅能吸住铁质的物品，还具有一定的指向性，这为指南针的发明奠定了基础。

这种石头真神奇，能吸引铁啊！
这块石头就像铁的母亲一样，和铁紧紧抱在一起。
有这两扇门把守，我就放心了。

战国时期，人们发现了一种能吸住铁的黑色石头，而且它吸铁的样子就像慈母紧紧抱住子女，于是便给这种石头取名“慈石”，也叫磁石。

秦朝时期，阿房宫的入口大门就是用两块巨大的磁石制造的。只要有人携带铁制武器进入，武器就会在通过大门时被吸住。

这块磁石可真神奇，它一直很执拗地指向南北方向。

后来，人们还发现了一个奇特现象：如果将两块磁石靠近，有时候相互吸引，有时候却相互排斥。经过长期观察，人们得出这样的结论：磁石有两极，同极相斥，异极相吸。

西汉时，一位名叫栾大的人用磁石做棋子，他利用磁石的磁性，给汉武帝表演了一场精彩的“斗棋”，得到了丰厚的奖赏。

据**北宋**时期的医书《太平圣惠方》记载，有一位大夫利用磁石的磁性吸出了一个小孩误吞的针。

人们在使用磁石的过程中又有了新的发现：磁石具有一定的指向性。如果用线将磁石吊起悬空，无论怎样摆动磁石，在它停下来之后，总是一端指向南方，另一端指向北方。

指南针的漫长进阶路

人们利用磁石的指向功能制作了许多指示方向的工具，并在使用过程中不断进行改良，最终发明了指南针。

这次进山采玉，咱们带上司南就不会再迷路了。
这么小的一个东西居然能指示南北方向，真的太神奇了。
司南
指南车

早在**战国**时期，人们利用磁石指示南北的特性，制作出指南针的前身——司南。司南由天然磁石磨成的磁勺和光滑的青铜地盘组成。将磁勺置于地盘中心圆内，轻轻转动勺子，当它静止时，勺柄指向的方向就是南方。

三国时期的机械发明家马钧制作了一辆指南车。车辆在行进中无论怎样转向，车上木制小人的手臂始终指向南方。可惜的是，指南车的制作方法没有保留下来。

这种指南针小巧多了。
看来把磁针悬挂起来也不影响它指示方向啊！
悬针法指南针
我天生就是航海家们最好的伙伴，我可以陪着他们漂洋过海。
水罗盘
这个铁片做成的鱼也能指方向？它也没有磁性啊！
这个铁片可不是普通的铁片，它经过磁化，已经具有磁性了。
铁片指南鱼

司南使用久了，常常会因磁勺和地盘接触的地方磨损严重而“罢工”。为了避免此类问题，**南北朝**时期，人们想了一个办法：把磁石磨成针状，用细线悬挂在小木架上，这就是悬针法指南针。

由于悬针法指南针无法抵挡海上的大风。于是**唐朝**时期，人们将磁针放进四周刻有方位的水盘里，发明出可以在海上使用的水罗盘。

北宋时期，人们通过人工磁化的方法让普通的铁片拥有了磁性，并将磁化的铁片做成鱼的形状，制成铁片指南鱼。将铁片指南鱼放置在水盘里，指南鱼静止后，鱼头指向的方向就是南方。

沈括
北宋科学家沈括的著作《梦溪笔谈》中，记录了指南针的四种装置方法，分别是缕悬法、水浮法、指甲旋定法和碗唇旋定法。
将磁针用细丝悬吊起来，挂在无风的地方，指针就可以旋转指向了。
缕悬法
水浮法
将磁针穿过灯芯草或公鸡的羽毛，再放进盛有水的碗里，就是漂浮式指南针。
我要多摘一点灯芯草拿回家做水浮式指南针。

指甲表面光滑，将磁针置于手指甲上，磁针能旋转自如，指示方向。
试试看，把磁针放在指甲上旋转一下。
指甲旋定法
你不要晃动桌子，小心磁针掉到碗里面。
把磁针放到光滑的碗口边缘，轻轻旋转磁针，也可以辨别方向。
碗唇旋定法
沈括不仅归纳了指南针的使用方法，他还发现指南针虽然指向南方，却总是有点偏向东，这就是“磁偏角”。这个发现比欧洲要早四百多年。
夢溪筆談

这鱼不是木头做的吗？为什么它也会指示方向呢？
因为它肚子里有磁石啊！它嘴巴上的针就是连接了肚子里面的磁石。

后来，人们又制作出木制的指南龟和指南鱼。

指南龟就是把天然磁石嵌入木刻龟的腹中，用竹钉支撑指南龟，使之保持平衡。指南龟能在竹钉上旋转，当其静止时，龟首指向南，龟尾的铁针指向北。

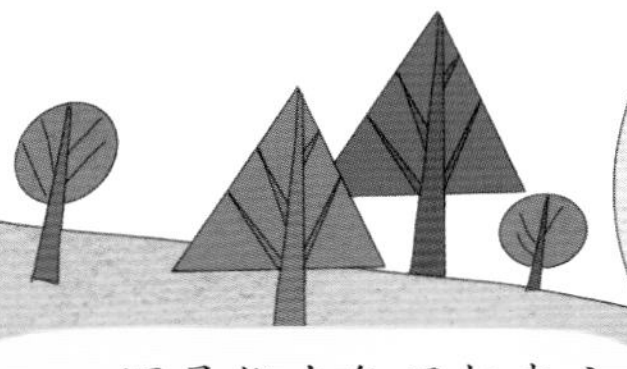

铁针
指南龟
还是指南龟用起来方便，不需要放到水里就可以辨别方向。

指南鱼的制作原理和指南龟相似，指南鱼放到水中，静止后针指的方向就是南方。

木制指南鱼

南宋时期，出现了旱罗盘。人们将磁针放置到罗盘中心带有箭头的顶针上，轻轻转动磁针，有箭头的那端所指的方位就是南。

N

S

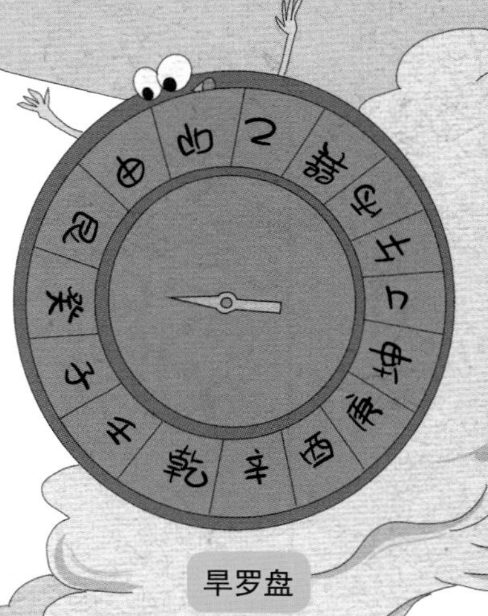

虽然我长得跟你有点儿像，不过我可不是用来抽取大奖的，我是专门帮助人们分辨方向的。
旱罗盘

喂，老兄，你怎么长得和我有点儿像啊！

幸运转盘

指南针与罗盘的结合，是我国古代利用磁针的一大进步。

据古书记载，最晚在**北宋**时期，我国已经在海船上应用指南针了。随着海外贸易的日益频繁，指南针从海路传到阿拉伯国家和欧洲，大大促进了世界航海事业的发展。
东方人实在是太有智慧了，发明出来这么好的东西。有了它，我再也不会迷路了。我要把它带回我的家乡！
如今，人们在手机里就可以装载有指南针功能的软件，只要打开软件，就能辨别方位，非常便捷。
N
E
W
S
指南针
咱们这次远足走的方向是对的。

指南针改变古人生活

指南针的发明经过了漫长的岁月。作为一种指向仪器，指南针被广泛应用于军事、航海以及日常生活中。有了指南针后，许多难题都迎刃而解。

随着时代变迁，指南针逐渐被应用于军事、采矿、狩猎等各个领域。

在战争中，指南针能保证行军路线的准确性，帮助军队第一时间赶到战场，占据有利地形。**西汉**将领李广就曾因迷路延误战机，让匈奴单于逃跑了。

都怪咱们中途迷路，耽误了太多时间！唉……
如果有指南针，就不会迷路，单于可就跑不掉了。
将军，单于已经逃走了！

指南针也可以为进山捕猎、
挖矿的人指明方向。
有了指南针，再远的地方我也敢去。
指南针还能帮助人们在海上辨别方向。

没有指南针的那些乘风破浪

在指南针发明之前，古人靠观察海上天文气象和洋流规律来确定航海方向，通过提高造船技术以保障航海安全。这些都大大促进了我国航海事业的发展。

等咱们做出来木筏就可以渡河去对岸摘桃子吃了。
这回多加几根木头，咱们俩可以一起过河。

远古时期，人们利用竹子、木头能够在水中漂浮的特性制造出浮筏和独木舟，后来又把舟改造成船。

春秋战国时期，人们在海上航行时靠观察星象来辨明方向。

看来我们走的路线是对的。
看，那是北极星，说明那边是北方。
陛下，臣只要找到长生不老药就立即回来进献给您。

秦朝时期，秦始皇曾多次到海滨巡行，他还派徐福出海为他寻找长生不老药。此时已经有了可以远渡重洋的大船。

汉朝时期出现了三层的大楼船，当时的人们还发明了舵和风帆，以更好地控制航向、提高航速。此外，较大的船还采用了横隔舱结构，增强了船体抵抗风浪的能力。
前方就到了，把帆拉起来，借助风力加快点速度！
前面是什么船？怎么这么大？居然有五层楼高！
五牙大舰
隋朝时，人们已经熟练掌握了利用季风和洋流规律来航行的方法，造船技术也进一步提高，造出了上下五层高的“五牙大舰”。
看来此地的日晒确实强烈，居然对人的肤色改变如此之大！
唐朝的造船及航海技术更加先进，随着航海事业的发展，对外贸易范围也随之扩大。

指南针推动华夏航海事业

中国不仅是最早发明指南针的国家，也是最早把指南针用于航海事业的国家。指南针的出现，不仅推动了航海事业的发展，也大大促进了世界经济文化的交流。

北宋时期，朝廷鼓励海上贸易，并专门派人去海外招徕商人到中国。
我们大宋物产丰富，去我们那里做生意吧！
各位读完这本书，就什么都明白了。
这次出访一路上还顺利吧？他们是怎么接待你们的啊？都有哪些礼仪？
在高丽国，你有没有碰到什么奇闻趣事啊？
北宋使臣徐兢通过海路出访高丽国。回国后，徐兢将自己在高丽的见闻记录下来，编撰了我国古代重要的航海著作《宣和奉使高丽图经》。

南宋时，人们在航海中开始使用“针盘”。针盘是指南针和罗盘的结合，只要把指南针所指的方向和罗盘上所刻的正南方位对准，就能辨别航行方向。
最重要的是，有了针盘就不会迷路啦！不管多远的地方，我们都可以去了。
咱们这个船在海面上跑得又快又稳，基本不怎么摇晃。
是啊！我们现在已经成为世界上最大的海洋贸易国家了。
有了罗盘指南针和针位航海图，与海外各国进行航海贸易就更加便捷了。
元朝时，罗盘指南针成为海上航行最重要的仪器，还有人专门编制出罗盘针路，把一路的航线都标识清楚，克服了远航重洋的困难。
这是火长的专用房，其他人不准进入针房。
针房
明朝时，海船尾部设置有专门放置罗盘指南针的“针房”，掌管针房的人称为“火长”，负责指挥航行。

漕運水程
咱们离海岛还有多远啊？前面有没有暗礁啊？
我来查一查《漕运水程》，这些问题就都搞明白了。

随着海道的增多和指南针的使用，人们将指南针针位和里程记录在册，这种册子称为“针经”，用于导航。现存已知的最早的海道针经是《漕运水程》。

明朝的郑和七次下西洋，这是中国航海史上最伟大的壮举。郑和率领百余艘大船，两万多名船员，访问了三十多个国家和地区，这是古代规模最大、船只和船员最多、时间最久的航海旅行。

郑和这样大规模的远海航行之所以平安无恙、取得巨大的成功，主要靠的是指南针的指航。

终于要返航了，咱们按来时的路回去应该就没问题了吧？
你这么想就错啦！现在的海风、海浪和咱们来的时候都不一样，原路返回的话会逆风甚至逆洋流，那才费劲儿呢！要开拓一条新的航线回去才行啊！
根据《郑和航海图》上记载的内容，我们只要继续前进，就会看到一棵大树，然后会陆续看到浅滩和房屋，我们就能靠岸休息了。这样咱们就可以避开海上的风暴了。
看这天色，一旦刮风下雨，恐怕海上要起大的风暴，咱们怎么办啊？

根据郑和下西洋的航线绘制的《郑和航海图》，里面详细记载了我国到东南亚、印度洋沿岸及非洲沿岸的航路。《郑和航海图》是我国现存最早的航海图，它也证明了当时的人能灵活运用指南针，开辟出多种航海路线。

《郑和航海图》采用的是“景观定位法”，航海者站在船头，将航海中遇到的山岳、岛屿、海岸等物标都记录下来，便于在航行中使用。

指南针的海外之旅

指南针的发明和在航海上的应用，推动了我国的对外经济贸易和文化交流。随后，指南针传到阿拉伯国家和欧洲，大大促进了世界航海事业的发展。

唐朝时，很多外国商人通过海上丝绸之路来中国做生意。

我要等中国的船只，坐他们的船更安全些。
我们带你回国，快上船吧！

宋朝时，中国已经有很多外国人前来经商，他们往返时更喜欢搭乘中国的船只。

宋朝不仅允许外国人在中国经商，还非常尊重他们的风俗习惯，为他们设置了专门居住的“蕃坊”，这大大促进了中外交流。

这玩意儿不错，居然可以用来辨别方向，用于航海很不错啊！
对，多买一些带回国，咱们回去也制造一批，肯定非常受欢迎！

也就是在这个时期，阿拉伯人掌握了指南针的导航技术，并将其带回阿拉伯，称它为“水手之友”。

阿拉伯人学会了制造指南针的方法，并把这个方法传到欧洲。
欧洲人对指南针加以改造，把磁针和刻度盘装入有玻璃
罩的容器里——这和我们今天看到的指南针很相像。
NW
NE
W
E
SW
SE
S
这种经过改造后的指南针便于携带，更加适用于航海。**15 世纪**，指南针已经被广泛应用于航海中了。
大约在**明代后期**，改良后的指南针又回到了故乡。
这是什么东西啊？里面有一根针。
这东西长得很像我们的罗盘啊，只是比罗盘要小很多啊！
这是用来看方向的，叫指南针，其实就是用咱们以前的罗盘改造的。
兵
兵

指南针终结西方的迷茫时代

指南针的应用为航海指明了方向，使人们获得了全天候的航行能力，开创了人类航海的新纪元。人类开辟出无数条海上航线，把陆地上的未知领域通过海洋连接在一起。

指南针传入欧洲前

指南针出现之前，没有地图参照，人们不敢随意出海。

刚刚的大风把我们的船吹离海岸线了，现在完全看不到海岸在哪里。
难道我们只能随波逐流了？万一驶向海洋深处怎么办？
做水手实在太危险了，你的祖父和你的父亲就是因为驾船出海才一去不回的！
我长大了要像爸爸一样做一名水手去征服大海！

生活在海边的欧洲人要靠海吃饭，但当时的人们对大海知之甚少。

人们逐渐意识到，要出海不仅要有地图，更要有准确记录大海情况的航海图。由于缺乏精准的测量工具，欧洲早期的航海图更像航海日记，缺乏陆地与海洋的位置关系、海岸线情况等信息。
地图上显示这里是陆地，怎么是一片海？
这上面说水手出海要带上充足的淡水、食物，还有照明的工具……好像没有说离海岸线有多远啊！
前方是不是我们要去的海岸？

指南针传入欧洲后

实在太神奇了，波特兰海图跟现在的地图相差很小啊！如此精确的地图，欧洲人在13世纪就画出来了，他们是怎么做到的？
13世纪以后，有人发明了另一种地图——波特兰海图，这是一种新型的海洋地图。
这跟中国的指南针在13世纪初传入欧洲有关，能跟这幅图匹敌的就只有中国的《郑和航海图》啦！
这个图上显示的海岸线和我们实际上看到的海岸线几乎一模一样啊！
波特兰海图上画着许多指南针，每个指南针都延伸出32条与罗盘上的方位线相吻合的射线。中世纪的水手们就是靠这些线条，将海岸线画得十分准确。
这些从“指南针”延伸出去的线原来指示着航向啊！沿着不同的方位线航行的话就会到达不同的地方。
波特兰海图还描绘了大小海湾、岛屿和浅滩等情况，方便出海者航行。

有了可靠的航海图，海上贸易也兴盛起来。为了让船只安全抵达目的地，商人们不惜重金购买准确的航海图，波特兰海图一时间成了备受青睐的抢手货，指南针也迅速风靡欧洲。

你别嫌贵,就这个价格，很多人还抢不到呢！今天就剩这一幅了，你要不要?
波特兰海图怎么一天一个价？比昨天又贵了好多啊！
剩的最后那幅波特兰海图，我要了！
只要是波特兰海图，不管多贵，我都要了！
北
西
东
南
北
西
东
南

由于指南针指示南北方向，欧洲人将过去地图以东为上的规定改为以北为上,这和我们今天“上北下南”的看地图方式十分相似。

大航海时代的到来

太过分了，我们是要去东方国家赚钱的，现在钱还没赚来，倒要先被他们搜刮去一笔？
看来陆路是走不得了，不行走海路试试吧！万一能开辟出一条新路呢？
赶快在前面的海角靠岸。咱们得救啦！

13 世纪左右，奥斯曼土耳其帝国禁止欧洲商人跨越本国领土进入亚洲。欧洲商人便在指南针的帮助下，开辟了到达东方的海上新航线。

1487—1488 年，葡萄牙航海家迪亚士带船队航行至非洲大陆最南端并发现好望角，成为探索新航路的一次重要突破。

1492 年，哥伦布横跨大西洋，寻找“遍地黄金”的中国，经过长时间的海上漂流，他们最终发现了一片大陆，那就是欧洲人以前不曾知道的新大陆——美洲。

1497—1498 年，达·伽马带领船队抵达印度，真正开辟了一条从欧洲到东方的新航线。从那以后，欧洲和印度、中国等国的贸易，主要是通过这条航线完成的。

从 **1519 年**到 **1522 年**，麦哲伦历时 1082 天，经过大西洋、太平洋、印度洋，最终返回欧洲，实现了环球航行。从此以后，欧洲、亚洲、美洲、非洲的贸易交流越来越密切，世界连成一个整体。

现代导航定位系统

随着现代科技的发展，人们研究出更多、更先进的导航技术，导航变得更加精准、便捷。

19 世纪，科学家利用电磁波能传播信号的原理，发明了无线电导航。无线电导航能迅速定位，被广泛应用于航海和航空中。

我可不怕遇到有磁性的东西哟！

陀螺罗经导航

20 世纪初，人们发明出不受周围磁场干扰的陀螺罗经导航。

无线电导航

在无线电使用过程中，人们发现电磁波遇到金属会被反射回来。

雷达定位导航

受此启发，人们发明了雷达技术：用雷达发射电磁波照射目标，并接收目标，以此来测算目标物体的方位、距离等。

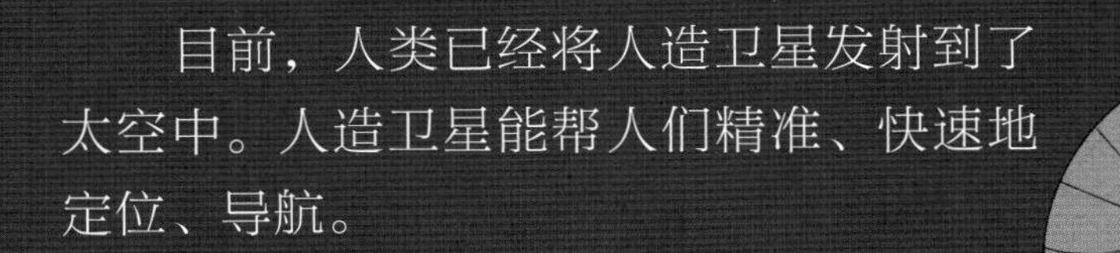

目前，人类已经将人造卫星发射到了太空中。人造卫星能帮人们精准、快速地定位、导航。

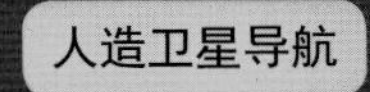
人造卫星导航

虽然电磁波在陆地和空中能自由发射，但是在水中却很难施展拳脚。后来，人们研发出声呐技术，在水中发射超声波，对水下目标进行探测，被称为“超声波导航”。

超声波导航

北斗卫星导航系统（BDS）是中国自行研制的全球卫星导航系统，它一共由35颗卫星组成。北斗卫星导航系统能够随时精准定位地球上的任何一个地方，同时以非常快的速度将定位信息传送到地面上。

北斗卫星导航系统